Nicole Watzek & Mario Watzek

Der tiefe Stachelauer Stollen
–
Eine Verlaufsrekonstruktion

Nicole Watzek & Mario Watzek

Der tiefe Stachelauer Stollen
–
Eine Verlaufsrekonstruktion

Im Schachte der Hauer das Erz lose schlägt,
Dunkel und kalt durch die Schicht er sich quält.
Gräbt er im Finster´n, im harten Gestein,
Sich wünschend bei seinem Mädel zu sein.
Zu Tage er fährt nach ewiger Schicht,
Erblickt er am Abend des Tages Licht.
Den Blick in den blauen Himmel hinauf -
Glückauf!

(M.Watzek, 2017)

Bibliografische Information der Deutschen Nationalbibliothek:
Die Deutsche Nationalbibliothek verzeichnet diese Publikation in der Deutschen Nationalbibliografie; detaillierte bibliografische Daten sind im Internet über http://dnb.dnb.de abrufbar.

Herstellung und Verlag: BoD – Books on Demand, Norderstedt

ISBN: 978-3-7431-9692-6

Vorwort

Diese Publikation soll einen kleinen Einblick vermitteln, wie wir bei unseren Recherchen vorgehen um fundierte und belegbare Ergebnisse zu erhalten.

Anhand des Tiefen Stollens der Grube Vereinigte Rhonard zeigen wir hier auf wie die Vorgehensweise bei den Recherchen abläuft.

Über Archive, Literatur, Online-Recherchemittel, Gespräche mit Fachleuten sowie mit Ortsansässigen, Geländebegehungen und teilweise auch Befahrungen werden Informationen gesammelt, ausgewertet und in Publikationen niedergeschrieben.

Diese Herangehensweise kann man auf fast alle Projekte übertragen.
Bei einigen Recherchen ist es einfacher, dadurch das z.B. viele Informationen In Archiven etc. vorhanden sind oder im Gelände mehr erkennbar ist.

In diesem Fall, dem Tiefen Stollen der Grube Rhonard, ist die Aktenlage sehr dünn und auch im Gelände sind nicht mehr viele Spuren vorhanden, so dass die Recherche nicht gerade einfach war. Deshalb haben wir uns entschlossen, dieses Projekt beispielhaft für all die anderen Projekte für diese Publikation heran zu ziehen.

Gerade in Bezug auf Kapitel 3 – S. 33-44 des Buches „Die Wasserwirtschaft des Kupferbergwerks Rhonard“ von Mario Watzek und Oliver Glasmacher, können durch diese Publikation evtl. auftretende Fragen beantwortet und die Rechercheergebnisse besser nachvollzogen werden.

Der tiefe Stachelauer Stollen

–

Eine Verlaufsrekonstruktion

Von Nicole Watzek & Mario Watzek

Bereits mehrere Publikationen handeln den tiefen Stollen der Grube Rhonard mit seinen Lichtlöchern ab. Zuletzt in dem Buch „Die Wasserwirtschaft des Kupferbergwerks Rhonard“[1] von Mario Watzek & Oliver Glasmacher.

Da über diesen Stollen die Aktenlage sehr dünn ist, nicht zuletzt durch den Stadtbrand 1795 (Das Jahr der Fertigstellung des Stollens), galt unser Interesse, den Verlauf dieses Stollens möglichst genau zu lokalisieren bzw. zu rekonstruieren.
In den Bergbaukarten der Grube Rhonard kann man seinen Verlauf leider nur von Lichtloch 10 bis zu den Grubenbauen nachvollziehen.
Ein kleiner Teilabschnitt des Stollens taucht dann noch in einigen Lageplänen auf, die zur Wasserentnahme und Abwasserbeseitigung der Firma Karl Imhäuser in der Stachelauer Hütte Ende der 1950er / Anfang der 1960er Jahre erstellt wurden.

Um den Stollenverlauf zu lokalisieren und zu kartieren, standen zwei Gutachten über den Bergbau der Grube Rhonard von 1800 und 1816 zur Verfügung, sowie die Karten, auf denen die Teile des Stollenverlaufes und die Lichtlöcher 10, 11 und 12 eingezeichnet waren.

Als Grundlage diente somit die o.g. Publikation die hier nochmals ausschnittweise wiedergegeben wird.

„Als Ansatzpunkt für den Stollen wählte man den tiefsten möglichen Punkt am Zusammenfluss der Bachtäler oberhalb Stachelau. Geplant war den Stollen noch tiefer im Tal anzusetzen, um noch mehr Teufe zu gewinnen.
Dies war aber nicht möglich, da man sonst der Stachelauer Hütte die Aufschlagwasser komplett entzogen hätte, welche aber nötig waren, um die Wasserräder der Hütte in Betrieb zu halten.
Deshalb setzte man ihn 1786 um 40 Lachter (knapp 84m) weiter oben an.[2]
Dieser Umstand kostete zwei Meter oder auch etwas mehr an Gefälle.
Gebaut wurde der Stollen mit dem Verlauf des Rhonarder Tales, was bedeutete, dass er 100 Lachter (ca.210m) länger gebaut werden musste, als wenn man ihn auf direktem Wege in Richtung Gang gebaut hätte. Dies lies sich

---

1 Watzek, Mario / Glasmacher, Oliver: Die Wasserwirtschaft des Kupferbergwerks Rhonard, 2015

2 LAV Bergämter Nr. 17450 Ver. Rhonard, Gutachten von Jung Müsen 1818

aber derzeit nicht umsetzen und so trieb man ihn mit der “Krümmung” des Tales vor und knickte erst unter der Bergschmiede bei Lichtloch 12 in Richtung Gang ab.

Trotz das man diese 100 Lachter länger bauen musste brachte es einige Vorteile mit sich.

Man konnte Lichtlöcher leichter, schneller und Kostengünstiger abteufen und schnelleren Vortrieb leisten als wäre man auf direktem Weg und dann durch festes Gestein gegangen.

Die Lichtlöcher sorgten für guten Wetterwechsel und waren besonders für den Vortrieb dieses Stollens von Bedeutung.

Man teufte von diesen Lichtlöchern 10 Stück ab und trieb den Stollen im Gegenortsverfahren mit 22 Gegenörtern vor.[3]

Dieses Verfahren wiederum brachte den Vorteil, dass man nun nur acht Jahre brauchte, um den Stollen fertigzustellen, was bei Stollen dieser Länge bei normalem Vortrieb und in festem Gestein 30 oder mehr Jahre gebraucht hätte.[4]

Von den Lichtlöchern war das niedrigste 12 Fuß (376,6242 cm / 3,77 m) und das tiefste 8 Lachter (17,74 m) tief.

Der Stollen wurde zum Teil ausgemauert, da das natürliche Gestein nicht von großer Festigkeit war.

So stand der Stollen vom Mundloch aus über eine Länge von ca. 200 Lachter (418,5 m) im Kellerhalsgewölbe.

Sieben der zehn Lichtlöcher wurden offen gelassen und dienten zur leichten Schlämmung der Stollensohle und auch zum schnellen Heranschaffen von Arbeitsmaterial für den kompletten Stollen. Um sie dauerhaft zu erhalten, wurden daher ebenfalls fünf Lichtlöcher ausgemauert.

Der Stollen wurde bis 1792 zu zwei Dritteln gebaut und Anfang März 1795 fertiggestellt.[5]

Mit diesem Grundstollen kam man nun 6 Lachter (12,55 m) unter den Oberen Stollen der Rhonard (hier ist der Fahrstollen gemeint und nicht der Maasmicker Stollen, der vormals Oberer Stollen war).

Zu guter Letzt hatte man durch den Bau des Stollens noch das Glück, zwei neue Gänge aufzufahren.

Der erste Gang im Bereich des Lichtloch 7 hatte eine Länge von 8 Lachter (16,74 m) und eine Mächtigkeit (Dicke) von 4 Fuß (125,54 cm / 1,26 m). Der zweite Gang am Grubengebäude war 18 Lachter (37,66 m) lang und war einen halben Fuß (15,69 cm) mächtig.

---

[3] Schöne, Manfred: Ein Gutachten von 1800 über den Erzbergbau in der Olper Rhonard. In: HSO 127 (1982). S. 80-87; HSO 128 S. 135-143. Hier S. 84, Vgl. auch: Scheele,Norbert: Der Bergbau im südlichen ...

[4] Schöne, Manfred: Ein Gutachten von 1800 über den Erzbergbau in der Olper Rhonard. In: HSO 127 (1982). S. 80-87; HSO 128 S. 135-143. Hier S. 84.

[5] Scheele, Norbert: Beiträge zur Geschichte des südlichen Sauerlandes, Kreuztal 2003

Beide der neu erschlossenen Gänge führten Kupferkies und spatigen Eisenstein, was der Rhonard neue glückliche Aussichten eröffnete. Die Planung und Vermessung des Stollens wurde durch den Markscheider Gipperich durchgeführt und fand damals Begeisterung und Lob, ebenso wie die zügige Arbeit.

„Die große Länge, die dieser Stollen getrieben wurde, die Geschwindigkeit, mit der man ihn vollendete, die Sachkenntnis, die man bei seiner Ausführung zeigte, und die geschickte Markscheidung, die bei diesem Bau durch den olpischen Geschworenen Gipperich geführt wurde, zeichnen diesen Stollen vorzüglich aus und ist sicher der schönste und interessanteste Bau, der in Westfalen so geführt wurde.“[6]

Der gesamte Bau verschlang riesige 30.000 Reichstaler und gewährte der Grube Zehntfreiheit.“

Bereits in der o.g. Publikation wurde der ungefähre Verlauf des Stollens von Mario Watzek rekonstruiert.
Wie nun also die bisherigen Recherchen verfeinern, den Stollenverlauf detaillierter festhalten und so ein genaueres Bild dessen zu erhalten, was vor fast 230 Jahren gebaut wurde?

Als erstes machten wir uns daran, alle bestehenden Grubenkarten, in denen der Stollen und die Lichtlöcher eingezeichnet sind mit den aktuellen Karten zu referenzieren. Hierzu wird ein GIS-Programm (GeoInformationsSystem) verwendet, in dem man identische Punkte auf den alten Karten und auf den neuen Karten sucht und verknüpft. Das können Häuser, Straßen, Bäche, Höhenpunkte o.ä. sein. Anhand dieser Punkte rechnet das Programm die Karten übereinander.

Viele Referenzierungen die bereits von uns erstellt wurden, haben wir verfeinert indem wir noch mehr Referenzierungspunkte verwendeten, neue bzw. aktuellere Koordinaten von markanten Punkten nahmen.
(Ein kleines Video zur Verdeutlichung der Kartenrecherche können Sie unter www.bergbau-olpe.de/rekonstruktion.html einsehen.)

---

6 Schöne, Manfred: Ein Gutachten von 1800... (wie Anm. 3)

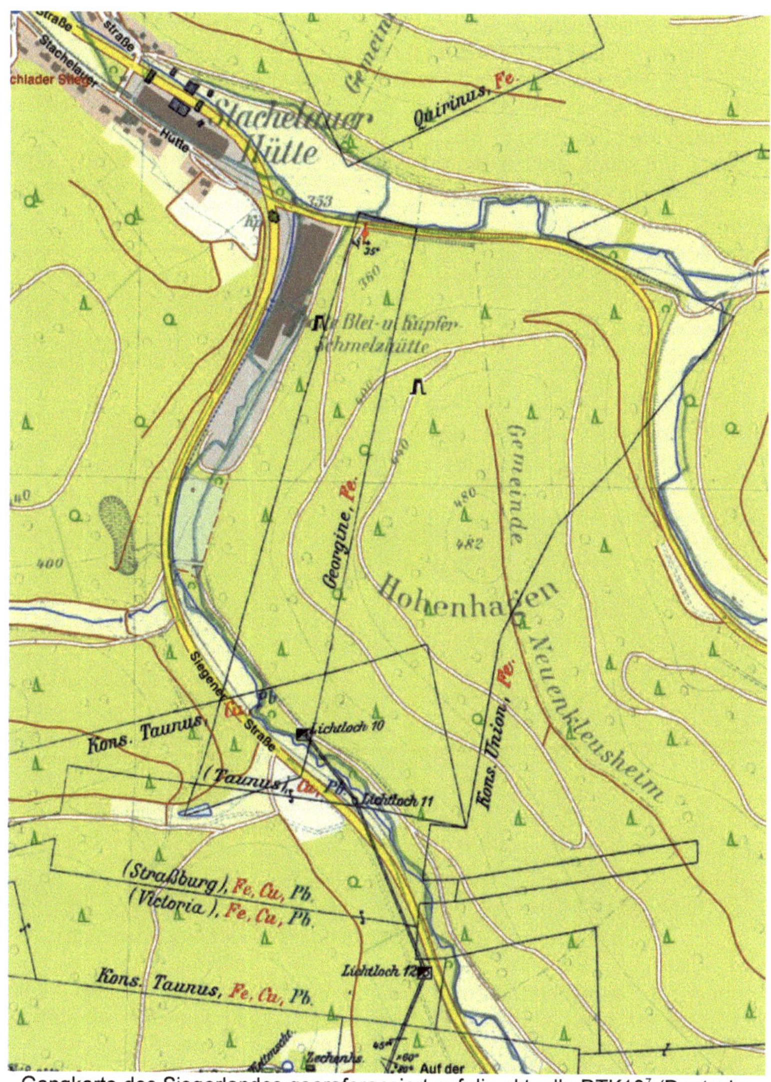

Gangkarte des Siegerlandes georeferenziert auf die aktuelle DTK10[7] (Deutsche Topographische Karte 1:10000).

Gut zu erkennen ist hier der Teilabschnitt des Stollens von Lichtloch 10 bis zu den Grubenbauen.

7 Geobasisdaten der Kommunen und des Landes NRW © Geobasis NRW 2017

Des Weiteren bedienten wir uns einer sehr aufschlussreichen Quelle. Eine Karte, die sich DGM-Schummerung nennt.
Auf dieser Karte ist alles ausgeblendet, was über der Erdoberfläche ist. Sie zeigt somit ausschließlich die Bodenbeschaffenheiten an, ein reines Geländemodell also.
Dies half uns dabei die Halden der Lichtlöcher zu lokalisieren. Eine Aufgabe die es bei etlichen Begehungen im Gelände zu bewältigen gab, aber nicht annähernd die Genauigkeit erbrachte, wie diese digitale Lösung.

Die oben erwähnte DGM-Schummerung (Digitales Geländemodell)[8]

Anhand der Halden konnten wir nun von 10 Lichtlöchern, 8 genau lokalisieren und in den Karten einzeichnen. Bei einem Punkt war nur ein ungefähres Ergebnis möglich.

An dieser Stelle sei noch bemerkt, dass alle Quellen zu diesem Stollen berichten, dass 10 Lichtlöcher niedergebracht wurden und in 22 Gegenörtern gebaut wurde. Wieso es die Lichtlochnummerierung 11 und 12 gibt, konnte bisher nicht mit hundert prozentiger Sicherheit geklärt werden.

---

[8] Geobasisdaten der Kommunen und des Landes NRW © Geobasis NRW 2017

Eine Erklärung könnte sein, dass durch das o.g. feige Gestein zwei Lichtlöcher bereits beim Bau verbrachen, man daneben neue ansetzte, die Zählung aber fortlaufend weiter geführt wurde, um evtl. eine Begründung für die dadurch resultierende Kostensteigerung zu haben.
Das Gegenortverfahren sowie der Grund weshalb es bei 10 Lichtlöchern 22 Gegenörter gegeben hat, wird als Anhang dieser Publikation erläutert.

Durch den Fortschritt der bisherigen Recherchen gelang es nun, den Stollen unter Zuhilfenahme der Beschreibungen aus den Gutachten bis kurz vor den heutigen Hundeplatz in seinem Verlauf zu bestimmen. Damit konnten wir nun den Stollenverlauf von den Grubenbauen bis kurz vor den Hundeplatz kartieren.

Nun kamen die Lagepläne und deren Referenzierungen ins Spiel. Anhand des kurzen Stollenverlaufes der dort eingezeichnet war, gelang es, den Stollenverlauf bis auf das Gelände der Firma Imhäuser zu festigen.
Ein Ortstermin mit Josef Arens, der durch Dietmar Gurres ermöglicht wurde, gewannen wir neue Erkenntnisse und konnten bereits vorhandene Vermutungen bestärken.

Die Karte mit einem kleinen Teilstück des Tiefen Stollens

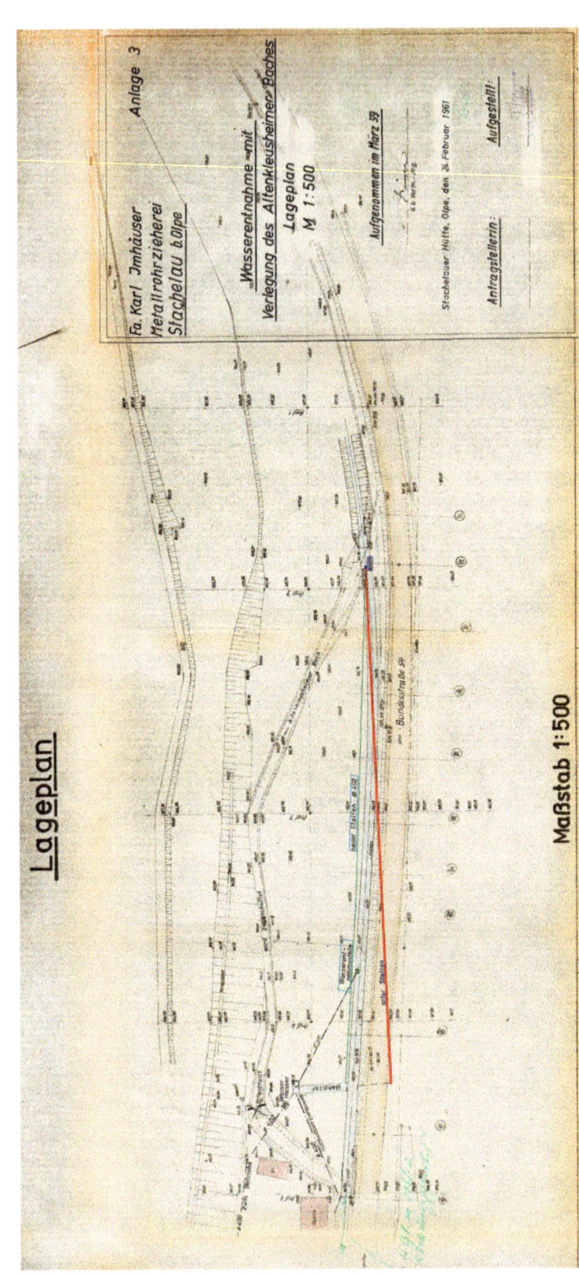

Lageplan
Fa. Karl Jmhäuser
Metallrohrzieherei
Stachelau b.Olpe
Anlage 3
Wasserentnahme mit
Verlegung des Altenkleusheimer Baches
Lageplan
M 1:500
Aufgenommen im März 59
Stachelauer Hütte, Olpe, den 24. Februar 1961
Antragstellerin:
Aufgestellt:
neuer Stollen Ø 400
alter Stollen
Bundesstraße 59
Maßstab 1:500

Detailansicht

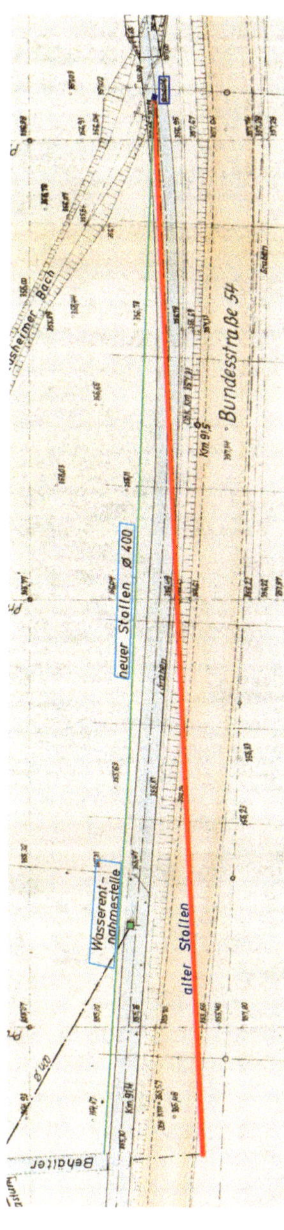

So konnte uns Herr Arens einen Punkt im Gelände zeigen, an dem früher Wasser für die Firma Imhäuser entnommen wurde. Dieser Standort deckte sich perfekt mit einem bereits referenzierten Lichtloch, was dazu führte, den Stollen noch genauer zu kartieren.
Weiter konnte er uns einen Punkt zeigen, an dem die Firma Imhäuser noch vor einigen Jahrzehnten in den Stollen gelangte, um Spülarbeiten vorzunehmen. Dieser Punkt deckte sich wiederum mit einem weiteren Lichtloch, welches durch die Karte DGM-Schummerung lokalisiert wurde.
Einige weitere Punkte konnten an diesem Ortstermin mit Koordinaten abgeglichen werden, was uns eine noch genauere Referenzierung der Lagepläne erlaubte und somit ebenfalls dazu beitrug den Stollenverlauf bestmöglich zu erfassen.

Nun trennen uns aber immer noch einige zig Meter von dem Ansatzpunkt des Stollens, dem Mundloch des tiefen Grundstollens der Grube Rhonard.

Hierzu bedienten wir uns der Beschreibung von Jung[9], der Gangkarte des Siegerlands und einiger Beobachtungen, die vor einigen Jahren schon bei Begehungen entstanden.

So wird beschrieben das man den Ansatzpunkt des Stollens ca. 84m oberhalb der Stachelauer Kupferhütte, im Bereich wo sich die beiden Bachtäler treffen, angesetzt wurde.
Die erste Auffälligkeit, die den Ansatzpunkt des Stollens vermuten lässt, bringt die Gangkarte des Siegerlandes. Hier ist in diesem Bereich deutlich zu sehen, wo die Bäche ihren Lauf nehmen, wo die Wasser des Obergrabens der Stachelauer Quecksilberhütte her laufen und ein Wasseraustritt ist eingezeichnet. Dieser scheint aus dem Nichts zu kommen und wäre nach der Beschreibung und des bisher festgelegten Stollenverlaufs mehr als denkbar.

---

9 LAV Bergämter Nr. 17450 Ver. Rhonard, Gutachten von Jung Müsen 1818

Ausschnitt aus der oben gezeigten Kartenreferenzierung

Noch besser ist dies auf dem Urkataster[10] von 1831 zu erkennen. Hier ist sowohl der Hüttenteich und der Hüttengraben der Stachelauer Hütte, sowie die Schlacht (die zusammentreffenden Bachläufe) eingezeichnet. Auch hier ist wunderbar zu erkennen, dass dieser eine „Bachlauf“ aus dem Nichts zu kommen scheint.

[10] Ausschnitt aus dem Urkataster des Kreises Olpe (Katasteramt Olpe)

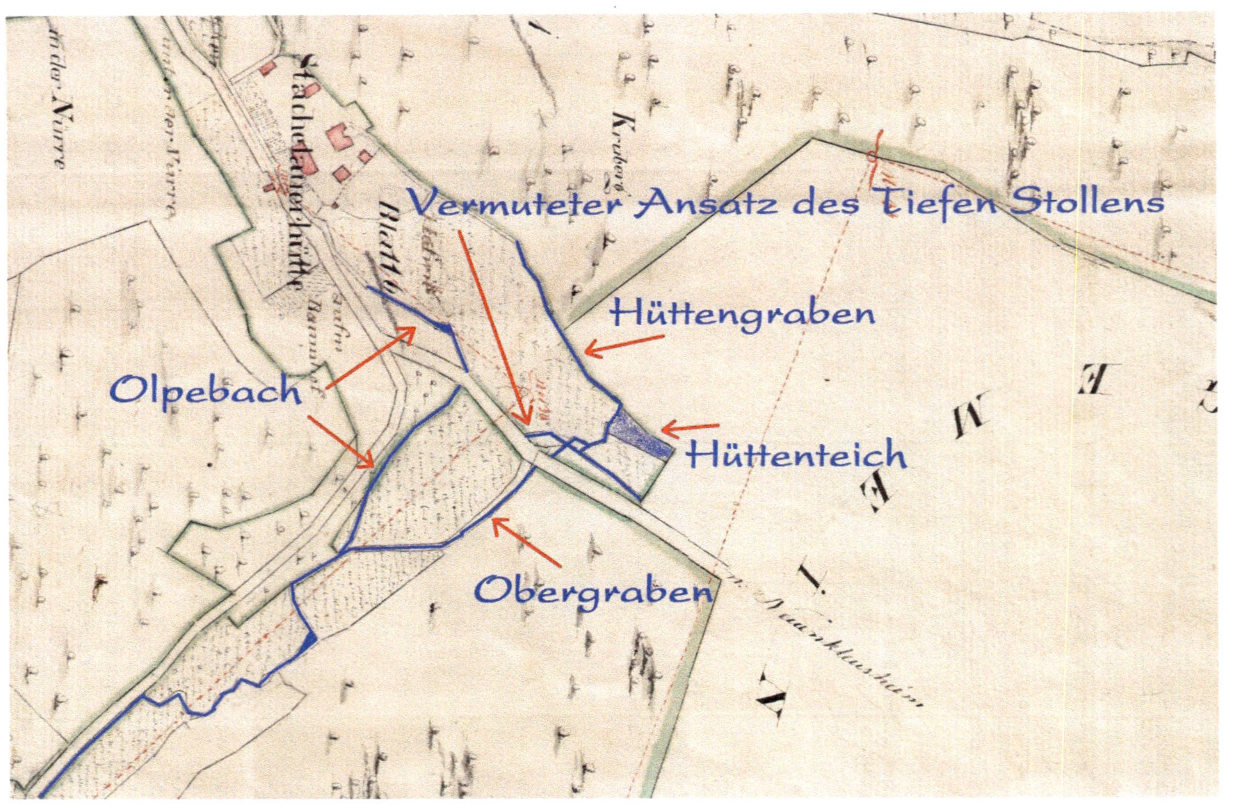
Vermuteter Ansatz des Tiefen Stollens
Hüttengraben
Olpebach
Hüttenteich
Obergraben
Stachelauerhütte
Kruberg
Blatt 6
in der Nurre

Ebenso auf der Handzeichnung des Königlichen Katasteramtes[11]

Genau in diesem Bereich trat noch vor einigen Jahren ein 100er Rohr aus der Uferböschung zu Tage, was zu jeder Jahreszeit Wasser führte. Damals gingen wir noch davon aus, dass es sich hierbei um ein Rohr aus der Fabrik handeln würde.

Nach dem jetzigen Kenntnisstand ist es mehr als wahrscheinlich, dass dort der Ansatzpunkt des Stollens war. Gehen wir nun von diesem Punkt aus und messen den weiteren Verlauf bis zu den Grubenbauen durch, so kommen wir auf ca. genau die Länge die der Stollen nach Angaben der Primärquellen haben/ gehabt haben soll. Nämlich 1596,47m.

Des Weiteren tritt dieser Wasserauslauf genau dort aus, wo auch das Wasser für den ehemaligen Hüttengraben der Stachelauer Kupferhütte abgezweigt

[11] Landesarchiv NRW Abteilung Westfalen, Bestand: Karten A – Signatur: Nr. 20089

wurde. So konnte man die Wasser des Tiefen Stollens ebenfalls noch für die Hütte nutzen.

Zwei dieser Lichtlöcher stellen heutzutage die Möglichkeit dar, evtl. einen Einblick in den Stollen zu gewinnen, was weitere Erkenntnisse mit sich bringen könnte.
Zum einen das abgesoffene Lichtloch 10, welches mittlerweile sehr bekannt ist und noch etwas seines Holzausbaues preis gibt.
Weiter ein Lichtloch, bei dem wir nicht genau sagen können um welche Nummer es sich genau handelt. Es könnte Lichtloch 3 oder 4 sein.

Beginnend mit dem letzteren Lichtloch machten wir einen Ortstermin, um diese Möglichkeit zu erforschen. Wir trafen uns also an diesem Lichtloch und versuchten über den dort bestehenden Querschlag, der von der Firma Imhäuser zur Wasserentnahme aus dem Tiefen Stollen genutzt wurde, Einblicke zu bekommen.
Diese Aktion war schnell vorüber, da wir in ca. 4,80m Teufe den erwarteten Querschlag nicht zu Gesicht bekamen.
Wir fanden nur einen ausbetonierten „Raum“ vor, der einen Zufluss von Richtung Hundeplatz hatte, nicht jedoch den erwarteten Zufluss aus dem Stollen aus Richtung Straße. Demnach musste dort, nach Zeichnung der Karten in dem der Teilbereich des Stollens eingezeichnet ist, noch einmal eine Veränderung stattgefunden haben.

Folgend einige Bilder der Aktion:

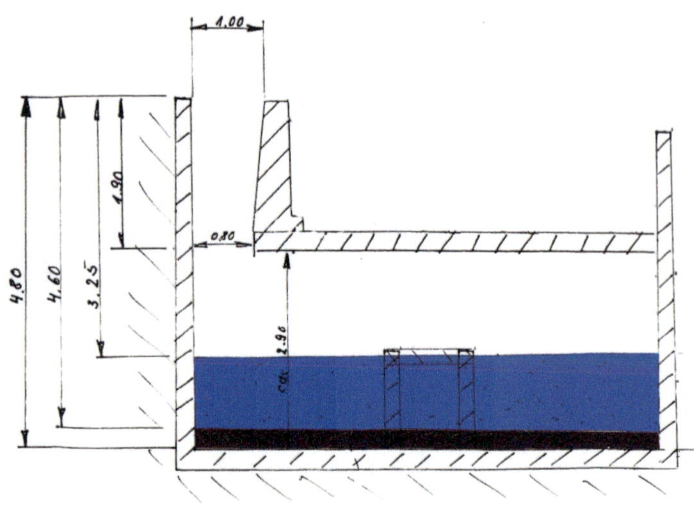
1.00
1.90
0.80
4.80
4.60
3.25
ca. 2.90

Als dann machten wir uns an die Planung über Lichtloch 10 weitere Erkenntnisse zu erlangen. Dazu waren weitere drei Termine von Nöten.

Beim ersten Termin begaben wir uns mit Kameraausrüstung zum Lichtloch. Der Plan war es, die Kamera im Lichtloch abzuseilen um die Tiefe zu ermitteln und Bilder aus dem Inneren des Lichtloches zu erhalten.
Auch dieser Versuch blieb relativ erfolglos, da die Kamera in ca. 2,50m Tiefe in Matsch, Ästen und Laub hängen blieb und kein weiteres Eindringen in das Lichtloch möglich war.

Das Videomaterial dazu kann unter www.bergbau-olpe.de/LL10.html angesehen werden.

Termin II fand kurz darauf statt. Mit einer Ausziehleiter die wir quer über das Lichtloch legten, versuchten wir nun mit einem ca. 5,00m langen Stickel mittig in das Lichtloch zu fahren um den Schlamm etc. zu durchbrechen.
Aber auch hier kamen wir nicht wirklich weiter. Bei Tiefe 3,00m stießen wir auf etwas Hartes. Dies brachte die Vermutung nahe, dass das Lichtloch dort mit Holz o.ä. abgedeckelt ist. Vermutlich aus Zeiten, nachdem aus dem Lichtloch von der Firma Imhäuser Wasser gepumpt wurde.

Termin III sollte nun das Rätsel um Lichtloch 10 lüften.
Diesmal mit etwas schwereren Geschützen.
Ausgestattet mit einer Hochleistungspumpe der Feuerwehr, einem starken Kompressor, kompletten SRT-Equipment usw.
Jörg Winkel von der Siegener Zeitung begleitete uns an diesem Tag für einen Zeitungsartikel.

Die Umzäunung wurde demontiert und die Ausziehleiter wieder über das Lichtloch gelegt. Diesmal kam noch eine dicke Holzbohle darauf, um einen sicheren Stand zu gewähreleisten.
Das Seilzeug wurde jeweils für Mann und Pumpe befestigt, der Abwasserschlauch der Pumpe bis runter an die Olpe gelegt und weitere Vorbereitungen getroffen.

Es ging nun mit dem pumpen los. Die Tauchpumpe zeigte uns sofort, was sie zu leisten im Stande war und so schauten wir alle nicht schlecht, in welcher Geschwindigkeit der Wasserstand sank.
Nach nur wenigen Minuten zeigte sich der alte Holzausbau und wir waren guter Hoffnung, dass es diesmal gelingen würde.

Bald jedoch sog die Pumpe Blattzeug und Schlamm an, so dass wir sie zum Reinigen abschalten mussten. Hier wurde uns schnell bewusst, dass es auch

diesmal wieder Probleme geben könnte. Denn sobald die Pumpe abgeschaltet war, stieg der Wasserpegel extremst schnell an.
Wir versuchten es dennoch weiter, da die Leistung der Pumpe trotz des drückenden Wassers gut entgegen wirkte und den Pegel wieder sinken lies.

Schnell wurde auch klar, dass es keine Abdeckelung war auf die wir bei Termin II gestoßen sind, sondern ein Schachtjoch, auf das wir den Stickel hatten aufgestoßen.
Da der Schlamm in der Tiefe immer dichter wurde, die Pumpe sich immer schneller wieder zusetzte und wir nicht wirklich tiefer kamen, entschlossen wir uns, den freigelegten Schachtausbau zu dokumentieren und fotografisch fest zu halten und die Aktion damit dann zu beenden.
Damit ist auch diese Chance in den Stollen zu gelangen ad acta gelegt.

Ganz umsonst war es aber nicht. Immerhin konnten wir einen intakten, weit über 200 Jahre alten Holzausbau freilegen und festhalten.

Nun hieß es Rückbau. Alles wurde wieder in den Ursprungszustand versetzt. Um alles so zu verlassen wie wir es vorgefunden hatten, pumpten wir sogar noch Wasser aus der Olpe zurück in das Lichtloch um den anfangs angetroffenen Wasserpegel wieder zu erreichen.

Folgend einige Bilder der Aktion:

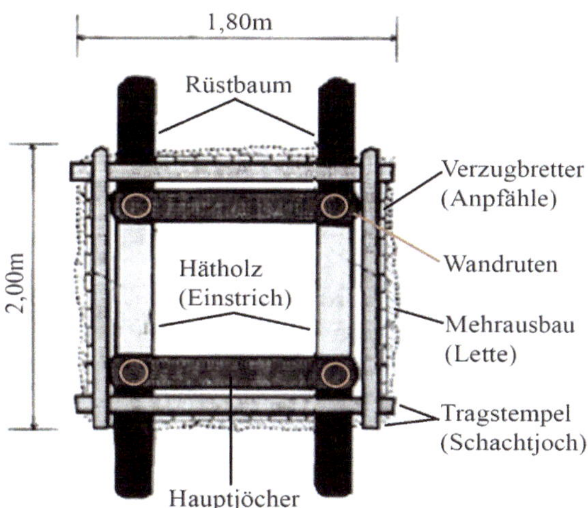

Zeichnung zum vorgefundenen Schachtausbau

Der Zeitungsartikel aus der Siegener Zeitung kann hier eingesehen werden: www.bergbau-olpe.de/lichtloch.pdf

Da die Bemühungen an den Lichtlöchern nicht zu dem Ziel geführt haben, den Stollenverlauf noch besser verfolgen zu können und auch die bisherige Aktenlage nicht mehr her gibt, können wir nur hoffen, dass sich irgendwann neue Erkenntnisse eröffnen oder neue, bisher nicht bekannte Akten auftauchen.

Bis dahin hier nun der rekonstruierte Stollenverlauf mit eingezeichneten Lichtlöchern in verschiedenen Kartenversionen. (Stand: 12/2016)

Stollenverlauf und Lichtlöcher auf der Gangkarte des Siegerlandes, Blatt Olpe

Bild wie oben als Overlay über die DGM-Schummerung

Stollenverlauf und eingetragene Lichtlöcher auf der DGK5:

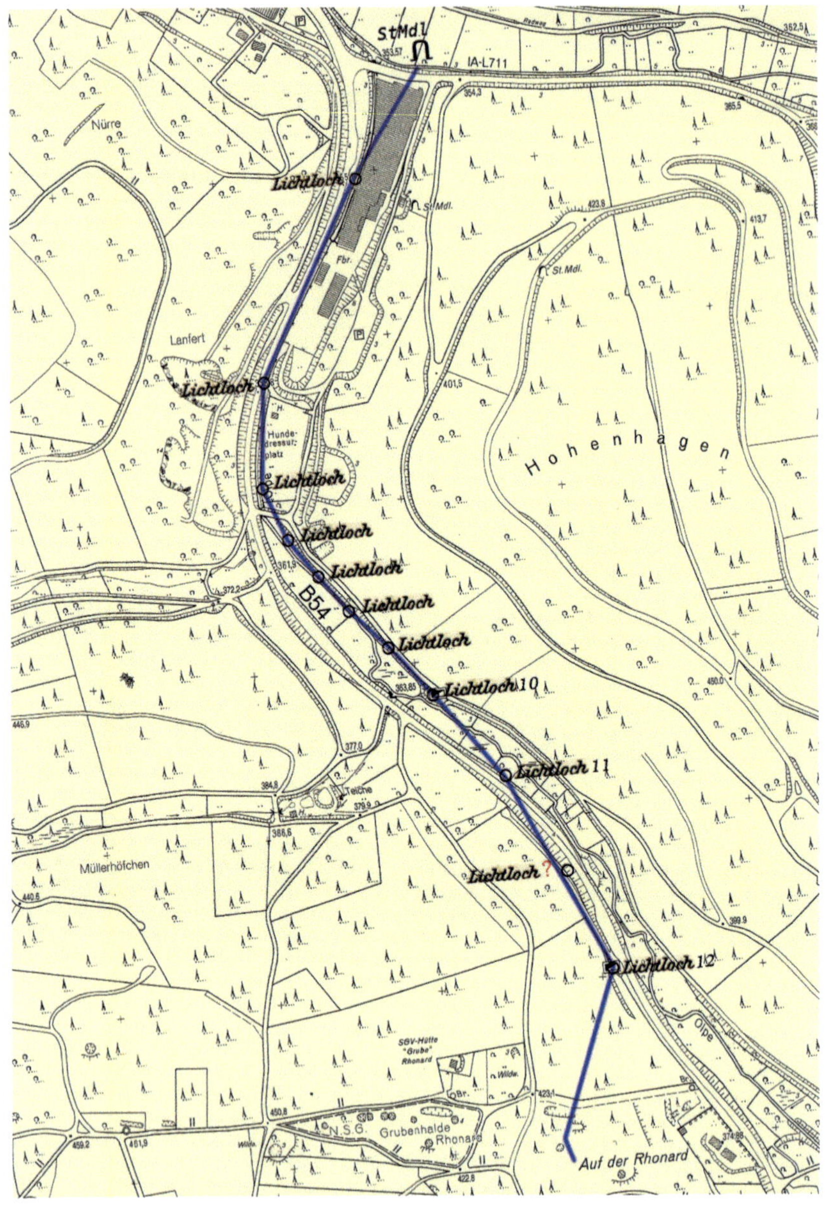

Wie bereits Anfangs erwähnt, gehen wir nun noch auf die Lichtlöcher und das Gegenortverfahren ein.

Gegenortverfahren bedeutet, dass in zwei Richtungen der Stollen vorgetrieben wurde. In diesem Fall wurden 10 Lichtlöcher abgeteuft, von denen aus man den Stollen vorantrieb. Man arbeitete also mit 22 Gegenörtern.

Durch dieses Verfahren war man in der Lage schneller vorzutreiben.
Die Frage, wieso man bei zehn Lichtlöchern 22 Gegenörter hatte, bei zehn Lichtlöchern dürften es ja nur acht Gegenörter sein, hörten wir schon des Öfteren und wollen dies kurz und knapp beantworten.
Die Grubenbaue und das Stollenmundloch (Ansatzpunkt des Stollens) fließen dort mit ein, denn man baute vom Stollenmundloch zum Lichtloch hin, ebenso von den Grubenbauen.

Nachfolgend eine Skizze zur Verdeutlichung:

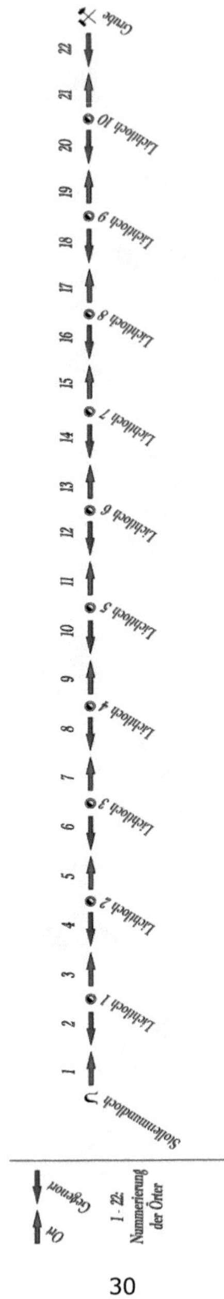

Eine Beschreibung zum Tiefen Stachelauer Stollen haben wir zusätzlich zu der ausführlichen Publikation „Die Wasserwirtschaft des Kupferbergwerkes Rhonard“ auf unserer Homepage www.wandern-auf-bergmannsspuren.de/grundstollen.html veröffentlicht.

Zum Abschluss dieser Publikation möchte ich um Mithilfe bitten. Wenn jemand den Ansatzpunkt des Stollens genauer kennt oder weitere Informationen zu Stollen und/ oder Lichtlöchern hat würde ich mich freuen wenn Sie über nicole.watzek@bergbau-olpe.de oder mario.watzek@wandern-auf-bergmannspuren.de Kontakt zu uns aufnehmen würden.

Teilnehmende Personen an den Recherchen und/ oder den Aktionen:

Nicole Watzek
Mario Watzek
Oliver Glasmacher
Dietmar Gurres
Axel Stracke
Josef Arens
Jörg Winkel

Quellennachweise und Urheberrechte (soweit nicht in den Fußnoten angegeben):

Karte Lageplan Fa. Imhäuser und Zeichnung Seite 6:
Zur Verfügung gestellt von Josef Arens

Zeichnung Gegenortverfahren:
Thomas Kunick

Skizze zum Gegenortverfahren:
Mario Watzek

Fotos/ Bilder:
Nicole Watzek, Mario Watzek, Dietmar Gurres, Jörg Winkel

Deutsche Topographische Karte DTK10, Deutsche Grundkarte DGK5, DGM-Schummerung:
Geobasisdaten der Kommunen und des Landes NRW © Geobasis NRW 2016

Urkatasterkarten:
Katasteramt Olpe

Gangkarte des Siegerlandes, Blatt Olpe:
Königliche Geologische Landesanstalt Berlin. Gangkarte des Siegerlandes 1:10000. Berlin 1906-1911. Blatt Olpe

Links und QR-Codes zu den Links im Text:

Video zur Kartenerstellung:

www.bergbau-olpe.de/rekonstruktion.html

Video zur Aktion LL10 Videorecherche:

www.bergbau-olpe.de/LL10.html

Zeitungsartikel zur Lichtloch 10 Erkundung:

www.bergbau-olpe.de/lichtloch.pdf

Zum Artikel „Der Tiefe Stachelauer Grundstollen“:

www.wandern-auf-bergmannsspuren.de/grundstollen.html

Kontakt zu uns:

nicole.watzek@bergbau-olpe.de

mario.watzek@bergbau-olpe.de

nicole.watzek@wandern-auf-bergmannsspuren.de

mario.watzek@wandern-auf-bergmannsspuren.de